治愈系早餐

巧厨娘艺术美食

高雪娇——著

青岛出版集团 | 青岛出版社

图书在版编目（CIP）数据

治愈系早餐 / 高雪娇著 . — 青岛 : 青岛出版社，
2023.3

ISBN 978-7-5736-0576-4

Ⅰ . ①治… Ⅱ . ①高… Ⅲ . ①食谱 Ⅳ .
① TS972.12

中国版本图书馆 CIP 数据核字 (2022) 第 218209 号

ZHIYUXI ZAOCAN

书　　名　治 愈 系 早 餐
著　　者　高雪娇
出版发行　青岛出版社
社　　址　青岛市崂山区海尔路182号（266061）
本社网址　http://www.qdpub.com
邮购电话　0532-68068091
策　　划　王　宁
责任编辑　肖　雷
装帧设计　毕晓郁　叶德永　任　芝　杨晓雯
封面设计　LE.W　毕晓郁
制　　版　青岛千叶枫创意设计有限公司
印　　刷　青岛名扬数码印刷有限责任公司
出版日期　2023年3月第1版　2023年3月第1次印刷
开　　本　16开（710毫米 × 1010毫米）
印　　张　10.25
字　　数　122千字
图　　数　484幅
书　　号　ISBN 978-7-5736-0576-4
定　　价　49.80元

编校印装质量、盗版监督服务电话　4006532017　0532-68068050

建议陈列类别：美食类　生活类

目录

第一章 元气小主食

辣炒芝士乌冬面 /2

奶油咖喱乌冬面 /5

奶油虾仁意面 /8

清汤荞麦面 /11

蛋包糍粑 /14

油条包麻糍 /17

“懒人”水晶虾饺 /20

蓝莓奶酪贝果 /23

拉丝麻薯南瓜 /26

蒜香贝贝南瓜 /29

麦满分 /32

土豆泥培根卷 /35

南瓜香肠烘蛋 /38

芝士香肠吐司烘蛋 /41

芝士午餐肉饭团 /44

海苔肉松拌饭 /47

第二章 养眼萌甜品

芝士土豆面包 /50

水果花环奶面包 /53

草莓奶油贝果 /56

脆脆芋泥春卷 /59

红豆桂花小丸子 /62

抹茶酸奶全麦伪蛋糕 /65

手抓饼桃花酥 /68

舒芙蕾欧姆蛋 /71

花样吐司

爆浆芋泥三明治 /76

基督山伯爵三明治 /79

牛油果溏心蛋三明治 /82

无花果酸奶三明治 /85

咸蛋黄麻薯三明治 /87

芝士厚蛋烧三明治 /90

水果奶油三明治 /93

豆乳蛋奶吐司 /96

花生酱烤吐司 /99

咖啡吐司布丁 /102

棉花糖吐司 /105

培根窝蛋吐司 /108

牛油果香蕉吐司卷 /111

肉松吐司卷 /114

芝士培根吐司卷 /117

芝士芦笋火腿吐司卷 /120

爆浆花生酱西多士 /123

全麦豆乳伪蛋糕 /126

爆浆芝士蔬菜卷 /130

爆浆芝士蟹柳卷饼 /133

花生酱香蕉可丽饼 /136

开放式塔克 /138

辣白菜香肠花轮“比萨”/141

郁金香奶酪小“比萨”/144

牛肉土豆泥芝士饼 /147

牛油果芝士瀑布蛋饼 /150

香肠酥皮“面包”/153

香辣孜然牛肉饼 /156

你想吃什么?

我想吃充满元气的主食!

亲爱的,

我会用晨风吹旺炉火,

用太阳烤熟面包,

只为你的笑靥在春天里绽放!

辣炒芝士乌冬面
A Little Something—Idst
《小东西》——Idst
云朵蛋真的是听着就很柔软的食物。
这一盘面条好像是将漫画里的面条摆到了现实的餐桌上一样，看着就让人感觉很可口。
每根乌冬面上都裹满了浓郁的酱汁，香辣过瘾。吃完这一碗面，一整天都很有活力。

材料

乌冬面………200 克	辣白菜…………20 克	柠檬汁……………2 滴
鸡蛋 ………………1 个	生抽 ……………10 克	干欧芹碎……… 少许
芝士片……………1 片	白糖 ………………5 克	
香肠片…………50 克	白芝麻……………3 克	
韩式辣酱………10 克	植物油……………5 克	

步骤

1\.

蛋清和蛋黄分离。蛋清加两滴柠檬汁打发至硬性发泡（拉起打蛋器，上面的蛋清呈小尖钩状）。倒在烤盘上整理成圆形。在整理好的蛋清中间放上蛋黄，放入烤箱中，用 140℃烤 10 分钟。云朵蛋就做好了。

2\.

将乌冬面煮熟，捞出备用。

3\.

锅内放入植物油烧热，放入辣白菜和香肠片，炒香。

4\.

向锅中加入煮好的乌冬面和韩式辣酱。

5\.

加入生抽。

6.

加入白糖。

7.

加入30毫升左右的清水，煮两分钟。

8.

撒上白芝麻，盛入盘中。

9.

放上芝士片和云朵蛋，撒上干欧芹碎即可。

朋友圈指南

如何摆盘？

将乌冬面铺在椭圆形的盘子上，左侧盖上一片芝士，右侧放上云朵蛋，使食物看起来很有层次感。摆好后在上面撒一些干欧芹碎。这道面条配上一点儿绿色会更好看。

盘子的容量要大一些，口也要比较大。放上芝士片和云朵蛋后，乌冬面也可以展示出来。用椭圆形的盘子要比用圆形的更加适合。

奶油咖喱乌冬面

Shelter—Hakaisu / Alys
《庇护》——哈卡苏或艾丽斯

红彤彤的食物让人非常有食欲。做完后，满屋子都是咖喱味。还没有尝就知道这碗面条肯定超级香。

出锅后尝了一口，果然非常好吃。每根乌冬面上都裹满了咖喱酱汁，吃起来味道非常浓郁。面里还有鲜美的虾仁，好吃到汤汁都不会剩。

材料

熟乌冬面……200 克	番茄块…………50 克	植物油……………5 克
淡奶油……… 8 毫升	黄油……………10 克	迷迭香………… 少许
虾仁……………50 克	盐…………………3 克	干欧芹碎……… 少许
咖喱粉…………10 克	番茄酱…………15 克	
洋葱丁…………30 克	红糖……………5 克	

步骤

1\. 在平底锅中放入植物油烧热，放入虾仁，用小火将两面都煎至变色，盛出备用。

2\. 在平底锅中加入黄油，用小火烧至化开。

3\. 放入洋葱丁，翻炒 1 分钟。

4\. 加入咖喱粉，炒匀，炒香。

5\. 放入番茄块和番茄酱，翻炒 2 分钟。

6\. 加入淡奶油，煮开。

7.

加入熟乌冬面，拌匀。

8.

加入煎好的虾仁，拌匀。

9.

加盐和红糖，拌匀，装入碗中后用迷迭香和干欧芹碎装饰即可。

朋友圈指南

如何摆盘？

在碗中先装入乌冬面。乌冬面要摆成中间高、四周低的样子。装好面后，在外面摆一圈虾仁。把食物都展现出来，会使整碗面显得特别丰富，让人感觉料很足。因为整碗面都是偏红色的，所以中间需要用迷迭香装饰一下，这样能使整体看起来更有立体感。

为了凸显食材，不要选择太大的餐具。一个6寸（直径约20厘米）的深碗装这一份乌冬面刚刚好。装好后还可以露出碗的一点儿边缘，看着很舒服。

奶油虾仁意面

Nothing—Bruno Major
《别无所求》——布鲁诺·梅杰

这款面的味道不比西餐厅的面的味道差。它吃起来奶香浓郁，而且每一根面上都裹满了味汁。奶香浓郁的面条配上鲜美的虾仁，不到5分钟就被吃光啦！

材料

意面…………150 克	牛奶………200 毫升	淀粉………………6 克
虾仁……………60 克	干酪碎…………30 克	橄榄油…………10 克
蒜（切末）……2 瓣	黑胡椒粉…………4 克	
干欧芹碎……… 少许	盐…………………6 克	

步骤

1\. 锅中放入水煮沸，加入 2 克盐和 2 克橄榄油，下入意面煮 8 分钟，捞出备用。

2\. 在虾仁中加入 2 克盐和黑胡椒粉，腌制 5 分钟。

3\. 锅内加入 8 克橄榄油，将虾仁煎至变色，盛出备用。

4\. 用底油将蒜末炒香。

5\. 加入牛奶。

6\. 倒入干酪碎。

7.

用小火煮沸后加入意面。

8.

加入虾仁。

9.

倒入用淀粉和30毫升清水混合成的水淀粉。

10.

加入2克盐煮至浓稠。装盘后撒少许干欧芹碎装饰即可。

朋友圈指南

如何摆盘?

面条类的食物在装盘时，尽量把搭配的食物和面条分开装进盘中。盘子底部放上面条，把配料放在面条的上面，可以让人一眼看清搭配的食物，会让人比较有想吃的欲望。

意面，我比较喜欢用深盘装，看着会比较集中一些，面条上的汤汁不会显得很散。餐盘的颜色选择的是和面条的颜色比较接近的奶白色。整体色系看着很温柔，颜色很明亮。

清汤荞麦面

♫ White Cloud——一只影子 YZYZ
《白云》——一只影子 YZYZ

很多次做面条用的配菜都比面条要多，完全抢了主角的风头。

荞麦面条的口感比普通的面条要筋道一些。看着比较清淡的汤面，其实吃起来味道非常鲜美。每次吃完面条，我都会把汤喝光光——光盘行动从我做起！

材料

荞麦面条……100 克
紫菜（撕碎）·20 克
鸡蛋（打开）…1 个
盐 …………………2 克
植物油…………3 克
生抽 ……………10 克
蚝油 ……………10 克
香油 ……………5 克
白胡椒粉………3 克
葱花 …………… 少许

步骤

1.

鸡蛋液加盐打散。平底锅中刷一层植物油，放入蛋液，用小火摊成蛋饼，切成丝。

2.

锅中加入水，水沸后加入荞麦面条煮 4 分钟，捞出。

3.

碗中加入生抽、蚝油、香油和白胡椒粉。

4.

放入撕碎的紫菜，用 350 毫升热水冲开，加入煮好的荞麦面条和蛋丝，撒上葱花即可。

朋友圈指南

如何摆盘?

提到面条，大家肯定想到它是中式美食。木质的筷子和木质的托盘可以很好地体现这种风格，整体看起来古色古香。在装盘时，可以把面条、紫菜和蛋丝等比例摆放在碗中，不要一下子把食物全部堆到一起，那样看着凌乱，不美观。摆好食物后只需要在表面撒一些葱花即可，既美观又好吃。

如何选餐具

盛放汤面的餐具，我会选择一个不太深的汤碗。这款早餐有三种不同的主要的颜色，所以餐具的颜色可以选择白色或者乳白色，这样可以把食物衬托得让人更有食欲。托盘和餐具选的是中国风的。

蛋包糍粑

♫ When We—Silky Soap
《当我们……》——丝质肥皂

这款蛋包糍粑是非常有名的小吃，做起来真的是"零难度"。使用的都是简单的食材，将它们组合在一起，做出的成品的口感却令人感到惊艳。

口感软糯异常，还能拉丝。加了葱花和香肠的蛋饼吃起来咸香美味。我每天吃都不腻。

材料

糯米粉………100 克	葱花……………5 克
盐………………3 克	火腿肠…………1 根
鸡蛋（打开）…3 个	植物油…………10 克

步骤

1. 火腿肠切薄片。鸡蛋液加 2 克盐和葱花打散。

2. 糯米粉加 1 克盐和 85 ~ 90 毫升水揉成团，按扁，即成糍粑生坯。

3. 在平底锅中加入少许植物油烧热，放入糍粑生坯。

4. 煎至两面都鼓起，盛出备用。

5. 在不粘锅中放入少许植物油，倒入一半的蛋液，加入一半的火腿肠片。

6. 把煎好的糍粑放在蛋饼中间，蛋液凝固后盛出备用。

7.

在不粘锅中放入剩余的植物油烧热，加入剩余的蛋液，放上另一半火腿肠片。

8.

盖上刚刚煎好的糍粑蛋饼，煎至蛋液凝固。

9.

待蛋饼煎熟，盛出，从中间切开糍粑即可。

朋友圈指南

如何摆盘？

街边卖的蛋包糍粑是不会从中间切开的，但是为了能更好地展现里面的食物，可以把糍粑一分为二，叠放在盘子中。只把食物放在油纸上即可，可以凸显食物，不需要多余的装饰品。

根据糍粑切开后的大小选择一个圆形的餐盘——白色或者奶白色都可以，再剪一张比盘子小一圈儿的油纸垫在盘子中，层次感一下子就出来啦！

油条包麻糍

abac

Supermarket Flowers—Amber Leigh Irish
《超市买来的花》——安波·利·艾里什

今天做的是非常中式的早餐，它非常有地方特色。
油条很脆，麻糍很糯，这两者配合是"碳水"和"碳水"的叠加。吃完后一整天都很有能量。

材料

油条……………2 根	白砂糖…………30 克	白芝麻…………15 克
糯米粉………100 克	玉米油…………15 克	肉松…………… 少许
玉米淀粉………15 克	黑芝麻…………15 克	

步骤

1.

在平底锅中放入少许玉米油，烧热，把油条煎 3 ~ 5 分钟。

2.

将糯米粉、玉米淀粉、20 克白砂糖、剩余的玉米油和 100 毫升温水混合。

3.

搅拌成糊状，放入蒸锅中用大火蒸 18 分钟，即成麻糍。

4.

黑芝麻、白芝麻和 10 克白砂糖放入袋中，用擀面杖压碎，即成芝麻糖。

5.

蒸好的麻糍放在油条上。

6.

撒上芝麻糖和肉松，合起来，再切成段即可。

朋友圈指南

如何摆盘?

油条包麻糍做好后不要直接放在盘中，在盘子中垫一张油纸会让人更加有食欲，拍照也会更好看。在合起来的食物表面撒一些芝麻糖和肉松，让画面看起来更加饱满。

油条包麻糍是条状的。选择一个椭圆形的餐盘，剪一张长方形的油纸垫在盘中，可以更好地凸显食物。配上木筷和透明的杯具即可。

“懒人”水晶虾饺

《思归》——小新

比起饭店卖的水晶虾饺，这款皮薄馅大的“懒人”虾饺更符合我的胃口。一口咬下去都是虾肉，口感弹牙，味道非常鲜美。

“比我还懒的懒人”可以直接用虾滑制作，它也是非常不错的选择。

材料

大虾…………300克	馄饨皮…………10张	盐…………………3克
胡萝卜丁………40克	玉米淀粉………20克	白胡椒粉…………3克
熟玉米粒………40克	鸡蛋清……………1个	酱汁……………适量

步骤

1.

大虾去皮，去虾线，剁碎。

2.

加入胡萝卜丁和熟玉米粒。

3.

加盐、白胡椒粉、玉米淀粉和蛋清搅拌均匀，即成馅料。

4.

馄饨皮擀薄。

5.

中间放上馅料，四周捏紧包成虾饺生坯。

6.

放入蒸锅中，用大火将水烧开后再蒸10分钟，搭配酱汁食用即可。

朋友圈指南

如何摆盘?

虾饺摆放时不要平铺成一层，叠放起来更加饱满。装酱汁的小碗放在虾饺的后方，既可以让人看到又不会喧宾夺主。

虾饺属于传统的中式美食，所以我选择了一个木质的托盘来放虾饺。用透明的小碗来装酱汁，整体红彤彤的，让人更有食欲。

蓝莓奶酪贝果

蓝莓果酱和奶酪的组合永不过时。

我更爱自己做的蓝莓果酱——甜度可控，可以贪心地多放些糖。

奶酪果酱的口感非常像冰激凌，再配上有嚼劲儿的贝果，味道很梦幻，越吃越香。

♫ *Sémillion*—尚先生
《赛米翁》——尚先生

材料

蓝莓…………150 克
白砂糖…………20 克
贝果………………1 个
奶酪……………30 克
青柠…………1/4 个

步骤

1. 蓝莓清洗干净，加白砂糖腌制 20 分钟。

2. 把蓝莓捣碎。

3. 放入小锅中，挤入青柠汁。

4. 小火熬至浓稠，即成蓝莓果酱。

5. 蓝莓果酱放入奶酪中。

6. 搅拌均匀。

7.

均匀地涂抹在切开的贝果的切面上即可。

朋友圈指南

如何摆盘?

贝果涂上奶酪混合物后，上下错开放，露出涂抹好的部分，让人更有食欲。右侧摆上装奶酪混合物的小碗，用新鲜的蓝莓（分量外）和迷迭香（分量外）装饰，让餐盘看起来更饱满。

主要想展示贝果、奶酪混合物和蓝莓，所以选择一个大一点儿的椭圆形餐盘，效果更好。装奶酪混合物的小碗和餐盘的颜色要选择乳白色，这样和紫色的食物看起来更搭。

拉丝麻薯南瓜

拉丝的食物好像是任何人都无法拒绝的。

香甜的南瓜，软糯的麻薯，奶香浓郁的芝士……

每一个都是我的“最爱”。

吃掉这个南瓜，一整天都是甜甜的。

Blue ____.一江语

《蓝色的____.》——江语

材料

贝贝南瓜··········1 个
马苏里拉芝士 ·50 克
熟红豆···········20 克
熟玉米粒········15 克
木薯淀粉········15 克
牛奶·········150 毫升
白砂糖···········10 克
迷迭香············ 少许
甜椒粉············ 少许

步骤

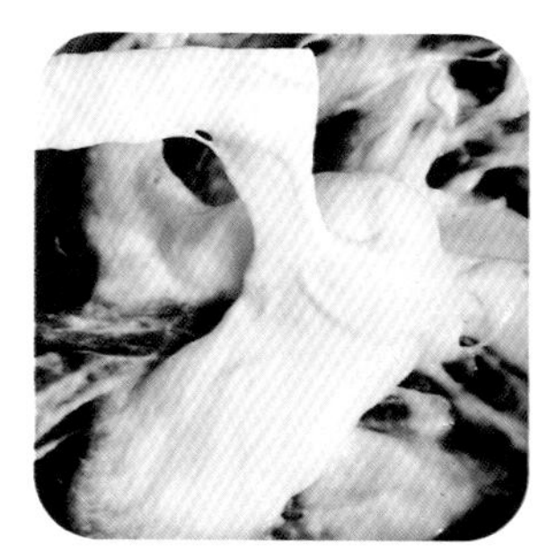

1.

木薯淀粉、白砂糖和牛奶混合，拌至无颗粒，倒入不粘锅中，用小火加热，搅拌至浓稠，即成牛奶麻薯。

2.

贝贝南瓜清洗干净，去掉瓤，放入蒸锅中蒸 15 分钟。

3.

在蒸好的贝贝南瓜里面的底部放上熟红豆。

4.

放上做好的牛奶麻薯。

5.

放上马苏里拉芝士，撒上熟玉米粒。

6.

烤箱预热 5 分钟，放入贝贝南瓜混合物，用 180℃烤 10 分钟，用迷迭香和甜椒粉装饰即可。

朋友圈指南

如何摆盘?

可以在烤好的贝贝南瓜表面撒一些甜椒粉，再放少许迷迭香。多种颜色搭配起来，有一种春意盎然的温馨感。

贝贝南瓜形状比较立体，餐具只需要选择很简单的平盘即可。配上一张棕色油纸，简洁干净。

蒜香贝贝南瓜

♫ *Right Here Waiting*—Music Travel Love
《此情可待》——音乐、旅行与爱乐队

生活在一个四季分明的小城市，冬天可以看到雪是很幸福的事情。

就像今天，屋内飘着烤南瓜的香气，屋外飘着雪，再大的烦恼都被抛在脑后了。

再来一口香甜的烤南瓜，暖胃又暖心。

材料

贝贝南瓜··········1 个	黑胡椒粉··········5 克
大蒜················1 头	盐·····················4 克
橄榄油······· 15 毫升	百里香············ 适量

步骤

1\.

贝贝南瓜治净，切成 3 厘米长、1.5 厘米宽的小块。

2\.

加入橄榄油、黑胡椒粉和盐，拌匀。

3\.

大蒜切成末，加入南瓜块中，拌匀。

4\.

烤箱用 180℃预热 5 分钟，将准备好的食材放入烤箱中，烤 30 分钟，用百里香装饰即可。

朋友圈指南

如何摆盘?

乳白色的平盘上铺一张棕色油纸，在油纸的中间摆上食物，让整体看起来更有层次感。摆好南瓜块后，可以在缝隙中点缀一些小的百里香，黄绿搭配，更加好看。

今天的食物是黄色系的，所以搭配的餐具要选择乳白色的或者透明的。整体颜色偏暖，会让人感到暖融融的。

♫《轨迹》——小蟹

自己做的麦满分永远都是馅料多多的。

每天夹不同的食材，吃一周都不会腻。

全麦的麦芬面包吃起来很有颗粒感，配上焦香的培根和鲜香的蟹柳滑蛋，越嚼越香。

材料

鸡蛋（打开）…3 个
蟹柳 ……………3 条
培根 ……………4 片
芝士片…………2 片
麦芬面包………2 个
盐 ………………3 克
黑胡椒粉………3 克
牛奶 ……… 10 毫升
植物油…………5 克

步骤

1. 鸡蛋液、蟹柳、盐、黑胡椒粉和牛奶放入碗中，拌匀。

2. 平底锅中加入植物油，用小火将上一步拌匀的材料煎成两份滑蛋。

3. 将培根放入平底锅中煎至两面微焦。

4. 面包分成两半，在一半面包上放上 1 个滑蛋。

5. 在每个滑蛋上放上 1 片芝士片和 2 片培根。

6. 盖上另一半面包，装饰一下即可。

如何选餐具

使用的食材是黄色系的，选择一款奶油色的餐盘盛放最为合适。麦芬面包为圆形的，所以餐盘也要选择圆形的。

朋友圈指南

如何摆盘?

今日想展现的是“ins风”（一种偏冷的风格）早餐。要求越简洁越好，所以餐盘无太多装饰品，只放了两个麦芬面包和小装饰品。餐盘和杯具选择了奶油色系，干净清爽。

土豆泥培根卷

♫ *The Best for You*—欧阳娜娜
《想你得到最好的》——欧阳娜娜

土豆泥入口即化，芝士香浓。烤过的培根吃起来是焦香的。一口咬下去还可以吃到爆浆的芝士，口感丰富，味道超棒。

材料

土豆…………300 克
蛋黄酱…………10 克
芝士片…………5 片
培根………………5 片
黑胡椒粉…………3 克
盐…………………4 克
甜椒粉………… 少许
干欧芹碎……… 少许

步骤

1.

土豆去皮，切小块，蒸 15 分钟，加入蛋黄酱、黑胡椒粉和盐压成泥。

2.

把土豆泥捏成 60 克左右一个的小粗棒。

3.

培根上面放上 1 片芝士片和土豆泥棒。

4.

用培根将土豆泥棒和芝士片卷起来。

5.

烤箱用 180℃预热 5 分钟，放入土豆泥培根卷烤 15 分钟，用甜椒粉和干欧芹碎装饰即可。

朋友圈指南

如何摆盘?

土豆泥培根卷可以在圆盘上平铺摆放，在土豆泥培根卷上面撒一些甜椒粉和干欧芹碎。装饰用的杯子和叉子的下面可以放杯垫或者装饰布，让整体更加饱满。

如何选餐具

我觉得，如果食物是红色或者黄色的，餐具的颜色选择白色或者乳白色更为合适。搭配一张同色系的油纸和透明的杯具，会更加和谐。

南瓜香肠烘蛋

♫ 《听风的秘密》——小蟹

工作日的早上最喜欢这种一锅出的早餐。

碳水化合物、蛋白质、膳食纤维全都有了，营养很均衡。

一口下去能吃到香甜的南瓜、鲜嫩的虾仁，还有爆汁的香肠，别提多幸福了。

材料

香肠……………2 根	鸡蛋（打开）…3 个	青豆…………… 少许
虾仁………6 ~ 8 个	牛奶…………20 毫升	
玉米粒…………20 克	盐…………………5 克	
贝贝南瓜……1/2 个	黑胡椒粉…………5 克	

步骤

1.

鸡蛋液、牛奶、3 克盐和 3 克黑胡椒粉混合，拌匀。南瓜治净，切成片。

2.

虾仁加 2 克盐和 2 克黑胡椒粉，腌制5分钟。

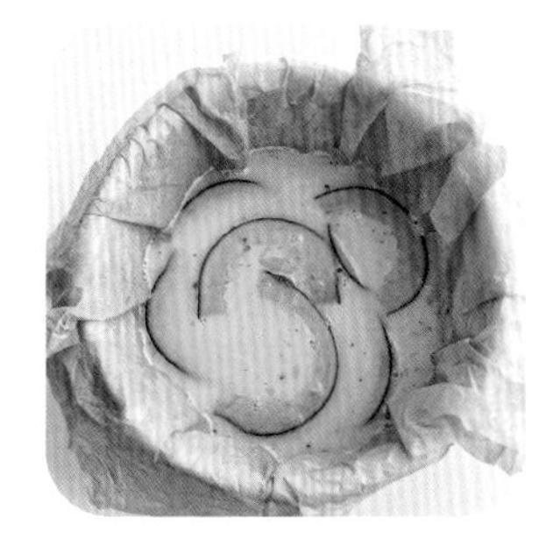

3.

在 6 英寸蛋糕模具（直径约 15 厘米）中铺一层油纸。将蛋液混合物倒入模具中，加入南瓜片和玉米粒。

4.

加入虾仁和香肠。最后撒上青豆。

5.

烤箱用 180℃预热 5 分钟。将处理好的材料放入烤箱中，用 180℃烤 40 分钟即可。

为了展现出食材的厚度，选择一个比成品大的平盘即可。餐具与食物之间垫一张油纸，让整体更柔和。

朋友圈指南

如何摆盘?

厚厚的烘蛋让人特别有食欲，所以为了显示出食物的厚度，摆盘的时候不需要其他的装饰物，只把食物简单地展示出来就可以了。也可以把食物切成四块，选择一个椭圆形的餐盘，挨着摆放。这样既展现了内部的食物，又可以让人直观地看到食物的厚度。

芝士香肠吐司烘蛋

♫ *Billie Bossa Nova*—Billie Eilish
《比利·博萨·诺瓦》——比利·艾利什（音译）

烤过的吐司黄灿灿的，这个颜色太"治愈"了。

表面的吐司烤得微焦，吃起来是酥脆的，内部的吐司却是软软嫩嫩的。这款主食有双重口感，超级好吃。两种口感的吐司配上焦香的香肠，做起来简单，还非常美味。

材料

吐司……………2片　　牛奶…………20毫升　　干欧芹碎……… 少许

香肠……………2根　　芝士片…………2片

鸡蛋（打开）…2个　　盐………………4克

步骤

1. 吐司去边，切成2厘米见方的小块，放入烤碗中。

2. 香肠切成0.5厘米厚的片。

3. 鸡蛋液加入牛奶和盐打均匀，倒入烤碗中。

4. 在吐司块上放上香肠片。

5. 将芝士片撕成小片放在香肠片上。

6. 烤箱用180℃预热5分钟，将处理好的材料放入烤箱中，用180℃烤15分钟，撒干欧芹碎即可。

朋友圈指南

如何摆盘?

　　刚端出来的烤碗非常热，在烤碗下面垫一个宽边平盘刚刚合适。露出的宽边让整体看起来非常有层次感。勺子可以放在盘子边上，露出手握的部分，棕色的手柄看起来很高级。在出炉的烘蛋表面撒一些绿色的干欧芹碎，让人更有食欲。

　　选择一个可以直接放进烤箱的烤碗。奶白色的餐具会让食物看起来更加柔和。

芝士午餐肉饭团

♫ Galaxy Knight—MT1990
《银河骑士》——MT1990

材料

凉米饭………350 克	紫菜片…………10 克	盐 ……………………3 克
芝士片……………6 片	蚝油 ………………8 克	植物油………… 少许
肉松 ……………15 克	番茄酱…………8 克	
午餐肉……………3 片	蜂蜜 ………………8 克	
海苔 ………………1 张	生抽 ……………15 克	

步骤

1.

将凉米饭、肉松、海苔和盐抓匀。

2.

午餐肉切成片，放入不粘锅中（不需要放油），用小火煎至两面金黄。

3.

在少许紫菜片上放 1 片芝士片、1 片午餐肉片，再放 1 片芝士片。用紫菜片包起来。

4.

用适量米饭混合物把紫菜团包裹起来，整理成长方体。将所有饭团都做好。

5.

用蚝油、番茄酱、蜂蜜、生抽调成酱汁。

6.

将酱汁刷在饭团上。将所有的饭团放在刷了薄薄一层油的不粘锅中。将每一面都煎 1 分钟即可。

朋友圈指南

如何摆盘?

做好的饭团不要整个摆在盘子上，从中间切开才能更好地展示出爆浆的芝士和其他丰富的内馅儿。切开的饭团，有芝士的那一面朝上摆在盘中。六个切开的饭团刚好可以摆成三角形，每一个都有露出的芝士，超级诱人。

如何选餐具

今天的早餐比较抓人眼球，所以选择的餐具，越简单越好。只需要一个椭圆形的白色或者乳白色餐盘，可以彰显出食物的本色就可以了。

海苔肉松拌饭

午餐肉，海苔，肉松。
非常简单的三种食材，组合到一起却给人非常惊艳的感觉。
咸香的海苔、肉松、午餐肉混合着甜甜的蛋黄酱，越嚼越香。一口一口，好吃到让人根本停不下来。

Halcyon—Blü Eyes
《平安幸福》——蓝眼睛（直译）

材料

热米饭………200 克	午餐肉………160 克
肉松……………60 克	蛋黄酱…………10 克
芝麻海苔………40 克	黄油……………….8 克

步骤

1. 午餐肉切成1厘米见方的小丁，放在不粘锅中，用小火煎至每面都微焦。

2. 在热米饭中放入黄油。

3. 如图所示，在热米饭表面放上煎好的午餐肉丁以及肉松、芝麻海苔。

4. 在中间挤上蛋黄酱即可。

朋友圈指南

如何摆盘?

表面的三种主要食物按面积等比例放在米饭上，中间挤上蛋黄酱。拍摄出来的图片看着会非常干净、舒服。

抖饭所用的食材非常简单。为了凸显表面的食物，选择口比较大的深盘比较合适。食用的时候搅拌也非常方便。

第二章 养眼萌甜品

微风吹拂，细雨如丝，
心底泛起涟漪。
这是春的气息，
这是甜品的味道。
萌萌的小物，
瞬间抚去身上的征尘。

芝士土豆面包
Dawning of Spring—Anson Seabra
《春天的黎明》——安森·塞亚布拉
软乎乎还爆浆的食物真的是我无法拒绝的东西。
面包的表皮煎得脆脆的，里面还有软绵的土豆芝士。吃的时候蘸一下蜂蜜，香甜拉丝，太幸福了！

材料

土豆……………80 克	牛奶……………55 克
蛋黄酱…………15 克	马苏里拉芝士 ·80 克
黄油……………10 克	干欧芹碎……… 少许
高筋面粉………90 克	

步骤

1.

把高筋面粉、牛奶和少许化开的黄油混合。

2.

揉成面团，盖上保鲜膜，放入冰箱中冷藏 1 小时（也可冷藏过夜）。

3.

土豆去皮，蒸 15 分钟，加入蛋黄酱，压成泥。

4.

面团擀成 0.5 厘米厚的圆饼。

5.

圆饼中间放上一半马苏里拉芝士，上面放上土豆混合泥。

6.

放上剩余的马苏里拉芝士。

7.

像包包子一样捏紧收口，轻轻擀平，即成面饼生坯。

8.

不粘锅中放入5克黄油，烧至化开，放入面饼生坯，用小火煎至底部变色。

9.

在朝上的一面上刷上剩余的化开的黄油，翻面，煎至变色，撒少许干欧芹碎即可。

朋友圈指南

如何摆盘?

像这种尺寸比较大的饼状食物，一般都选择用平盘来装。不要直接将食物放在餐盘上，中间用油纸隔开，更有层次感。

这次选择了一套可爱的餐具。10寸平盘（直径大约为33厘米）刚好装面包，小碟子装蜂蜜，可爱的印有小女孩头像的杯子用来装饮品。懒得搭配的时候，最适合用这种配套的餐具。

水果花环奶面包

Islabella—Kendall Miles
《伊莎贝拉》——肯德尔·迈尔斯

做早餐的时候花10分钟就能做出这么精致的"小蛋糕"是非常有成就感的事情。每一个都超可爱，让人不忍心吃掉它。

一般这种造型的食物是用蛋糕做的，这里换成了可以拉丝的小面包，吃起来口感更棒啦！面包吃起来更有嚼劲儿，奶香浓郁，配上一杯拿铁更完美啦！

材料

花环面包……….4 个
紫薯奶油………60 克
可可奶油………60 克
原味奶油……100 克
无花果（切开）2 个
草莓 ………………5 个
蓝莓 ……………12 个
树莓 ………………3 个
百里香………… 少许
迷迭香………… 适量
橙子（切块）‥适量
糖粉 …………… 少许

步骤

1.

将 1 个花环面包从中间横着切开，平均分成两份。

2.

两个草莓切成小块。在一半面包的切面上挤上部分紫薯奶油，放上草莓块。

3.

盖上另一半面包，向外分散挤出剩余的紫薯奶油，再用少许白色的原味奶油点缀，上面放上 5 个蓝莓。

4.

两个草莓切成小块。取另外一个面包，横切，平均分成两份。在切面上挤上少许原味奶油，将草莓块围圈摆好。

5.

盖上另一片面包，挤上少许原味奶油，用树莓和百里香点缀。

6.

第三款的底部面包上挤上少许可可奶油。取1个草莓切成小块，和适量蓝莓放在奶油上当内馅儿。

7.

盖上另一片面包，将少许原味奶油和剩余的可可奶油穿插着挤在面包上，用 1 个切开的无花果和剩余的蓝莓以及百里香点缀装饰。用相似的方法做好第四款：底部面包挤上原味奶油，放上剩余的无花果块，盖上另一片面包，挤上剩余的原味奶油，用切成小块的橙子和迷迭香装饰。在四款小面包上撒糖粉即可。

朋友圈指南

如何摆盘?

做好的小面包在装盒时不要直接放在盒子中，垫一小块薄薄的油纸会更有层次感。盒子不会显得很空。面包的表面可以撒一些糖粉，看着更柔和。

今天想要体验在家享用小面包的感觉。选择了一次性的甜品盒呈现食物，将四款组合在一起，精致感瞬间就来了。

草莓奶油贝果

♫ *Honey Sea*—Ivoris

《甜蜜海》——伊沃尔斯（音译）

偶尔会有那么一个早上，非常想吃高热量的食物。

提前一晚将成品做好放入冰箱中冷藏。第二天早晨，直接吃，做早餐的时间都省了。

冷藏后的奶油，吃起来好像冰激凌一样。甜甜的奶油配上酸酸甜甜的草莓，吃完让人一整天都感觉特别幸福。甜品真的很"治愈"。

EVERYDAY WITH NICE THINGS

材料

淡奶油……60 毫升　　草莓……………7 个

白砂糖…………10 克　　贝果……………1 个

步骤

1\.

淡奶油加白砂糖打发至拉起打蛋器奶油呈小直尖状。

2\.

贝果用横刀从中间切开，在切面上涂一层打发好的奶油，用刀抹匀。

3\.

摆上去掉蒂部的草莓。

4\.

用剩下的奶油填满缝隙。

5\.

盖上另一半贝果，用保鲜膜包起来，标记好草莓的位置，放入冰箱冷藏两小时或一夜。沿标记好的草莓的位置切开即可。

朋友圈指南

如何摆盘?

草莓贝果做好后从中间纵刀切开，把草莓的切面展示出来。放在小木板上，将里面的食物完整展现给大家。搭配的杯具和小碟选择了奶油色系的，摆在木板的斜后方，整体会更加饱满。

今天的草莓贝果比较“西式”，选择的餐具都偏“ins风”（一种偏冷的风格）。选择了一个木质的小板来放贝果，小板的颜色和贝果的颜色很搭。还选择了一块有红色元素的餐布，可以和草莓相呼应。

脆脆芋泥春卷

Travelers—Team Astro
《旅行者》——旬·阿斯特罗

吃腻了红豆春卷，不妨来试试这一款芋泥的。

低热量还很解馋。

咬一口，除了有香甜的芋泥还有爆浆的芝士。又香又脆，好吃得让人停不下来。

材料

芋头…………250 克　　芝士片…………3 片　　植物油………… 少许

紫薯……………50 克　　白砂糖…………20 克

春卷皮…………10 张　　牛奶………… 60 毫升

步骤

1.

芋头和紫薯去皮，切片，蒸 20 分钟。

2.

芋头片、紫薯片、白砂糖和牛奶放入料理机中，打成芋泥混合物。

3.

在春卷皮上放上少许芋泥混合物和少许芝士片。

4.

如图所示，将 4 个角向中间折，包起来，即成春卷生坯。

5.

在平底锅上刷一层植物油，用小火将春卷生坯煎至两面变色。将所有春卷依次做好即可。

朋友圈指南

如何摆盘?

春卷摆放的时候不要全部随意丢到托盘中，那样看起来非常乱。把春卷依次摆放到托盘中，一个挨着一个。它们看起来非常整齐，好像一封封信一样。

成品像信封一样的芋泥春卷，我选择用方形的托盘来装。托盘刚好可以装 10 个春卷。选择透明的杯子来装饮品，杯子上的黑色字母和托盘上的黑色字母相呼应，搭配和谐。

红豆桂花小丸子

Boy Misses Girl—Mystery Arcade
《那男孩错过了那女孩》——神秘拱廊乐队

甜甜的红豆汤配上糯糯的小丸子，是我家冬日餐桌上必备的食物。香香甜甜的，超美味。热气腾腾的，吃起来暖胃又暖心。

材料

红豆…………170 克　　白砂糖…………30 克　　糯米小丸子…100 克

淀粉……………10 克　　干桂花……………3 克

步骤

1.

红豆提前用凉水浸泡一晚。

2.

将红豆和 100 毫升水放入电饭煲中，用煮饭功能煮 40 分钟。

3.

煮好的红豆放入小锅中，加入白砂糖和淀粉煮至浓稠。

4.

糯米小丸子放入沸水中煮 5 分钟，捞出，过凉水。

5.

碗中盛入红豆汤，放上糯米小丸子。

6.

撒上干桂花即可。

朋友圈指南

如何摆盘?

碗中先盛入红豆汤，在红豆汤的中间放上煮好的小丸子，最后撒上干桂花来装饰和提味儿。小丸子摆在红豆汤上面可以展示出材料丰富的特点，看着更加有层次感。

暖乎乎的红豆汤非常适合用木质的碗盛。碗的颜色要选择深棕色的，看起来就很温暖。

抹茶酸奶全麦伪蛋糕

♫ Promise—Sapient Dream
《爱的诺言》——智梦（直译）

红配绿的组合真的蛮好看的。喜欢这种淡淡的绿色——不是很饱和，但是给人很温柔的感觉。

吃的时候嘴里面一直都有淡淡的抹茶香味，还有香蕉的香甜，好吃却一点儿都不腻。想控制体重的时候来一份，真的非常合适。

材料

全麦吐司………3 片
香蕉（切片）…1 根
希腊酸奶……100 克
抹茶粉…………6 克
树莓……………5 个
黑莓……………2 个
百里香…………2 枝
迷迭香………… 少许

步骤

1.

希腊酸奶加抹茶粉搅拌均匀。

2.

全麦吐司去边，放入盘中。

3.

涂上一层拌好的抹茶酸奶。

4.

盖上一片全麦吐司，放上香蕉片。

5.

再盖上一片全麦吐司。

6.

把剩余的抹茶酸奶涂抹在吐司的四周和顶部，抹平。

7.

用树莓、黑莓、百里香、迷迭香装饰即可。

朋友圈指南

如何摆盘?

用酸奶涂抹表面时尽量抹得平整一些。蛋糕四周瑕疵部分可以用迷迭香遮挡一下。盘中左右两侧放几个水果，看着不会太空。蛋糕的顶部只需要用树莓简单在一角装饰，再用绿色的百里香装饰，就很简洁美观了。

抹茶酸奶吐司最后的成品是绿色的，所以选择了一款与食物颜色比较接近的淡绿色餐盘。餐盘有一定的深度，看着更加立体。

手抓饼桃花酥

手抓饼真的可以给人好多惊喜！甜的、咸的早餐都可以用它做出来，真的是家中必备的食材了！

桃花酥烤过之后，外面的饼皮超级酥脆，里面的红薯馅儿香香甜甜的。颜值与口味都很惊艳。

♫ *Butterfly*—UMI
《蝴蝶》——UMI

材料

冷冻手抓饼（生坯）……………………2 张
红薯泥………150 克
炼乳……………5 克
鸡蛋（打散）…1 个
黑芝麻…………5 克
百里香…………2 枝

步骤

1.

红薯泥加炼乳拌匀，分成 26 克左右一个的小圆球。

2.

冷冻手抓饼生坯回温后，从一侧卷起。每张分成三等份。

3.

取一小段手抓饼，竖着按扁，在中间包上红薯泥合球。

4.

每个都按扁，切成 6 个等大的扇形，中间不要切断。

5.

用食指和拇指一起轻轻捏边角，做成花瓣的形状。

6.

表面刷蛋液，中间撒黑芝麻，放入烤箱用 180℃烤 20 分钟，用百里香装饰即可。

朋友圈指南

如何摆盘?

先把桃花酥在盘底放一层，再叠上一个桃花酥，看着更加立体。整体的颜色都是黄色，所以用小的百里香来装饰一下，更美观。

为了展示食物的形状，只需要挑选一个平盘即可，颜色选择柔和一点的奶白色。再选一张薄一些的棕色油纸，让食物与盘子中间有个过渡。

Tired—Vietra

《爱倦了》——维埃特拉（音译）

以前一直吃的都是甜口的欧姆蛋，偶尔尝试了一下咸口的，味道也很不错。甜的食物和咸的食物搭配，吃起来一点儿都不腻。欧姆蛋的口感非常松软，不知不觉中一盘子食物就被吃光光啦！

材料

口蘑（切片）…3 个	柠檬汁…………2 克	黑胡椒粉………3 克
培根（切条）…1 片	黄油……………5 克	干欧芹碎……… 少许
菠菜…………30 克	奶酪……………6 克	
植物油…………5 克	酸黄瓜…………2 根	
盐………………4 克	辣白菜…………10 克	
鸡蛋……………3 个	椰子片…………4 克	

步骤

1.

在平底锅中放入植物油烧热，放入口蘑片、培根条和菠菜。

2.

加入盐和黑胡椒粉，用中火炒熟。

3.

蛋清和蛋黄分离。蛋清加柠檬汁打发至拉起来后打蛋器上的蛋糊呈小直勾的状态。

4.

加入蛋黄。

5.

翻拌均匀。

6.

在不粘平底锅中放入黄油，用小火烧至化开，放入拌好的蛋糊，盖上锅盖焖 3 分钟。

7.

放上炒好的口蘑片、培根条和菠菜，叠起。

8.

装盘，放上奶酪和椰子片，撒上干欧芹碎，侧面放辣白菜和酸黄瓜即可。

朋友圈指南

如何摆盘?

欧姆蛋的成品是一个大的半圆形。放在圆盘中后，为了让盘子变得饱满一些，在空余的地方放一些小菜作为装饰品是比较好的。在欧姆蛋上放椰子片也是为了增加整体的层次感，再撒一些干的小香料即可。

欧姆蛋成品的尺寸是比较大的，所以选择了一个10寸的宽边早餐盘（直径约33厘米）。奶白色的餐盘与黄色的欧姆蛋在一起非常和谐。

第三章 花样吐司

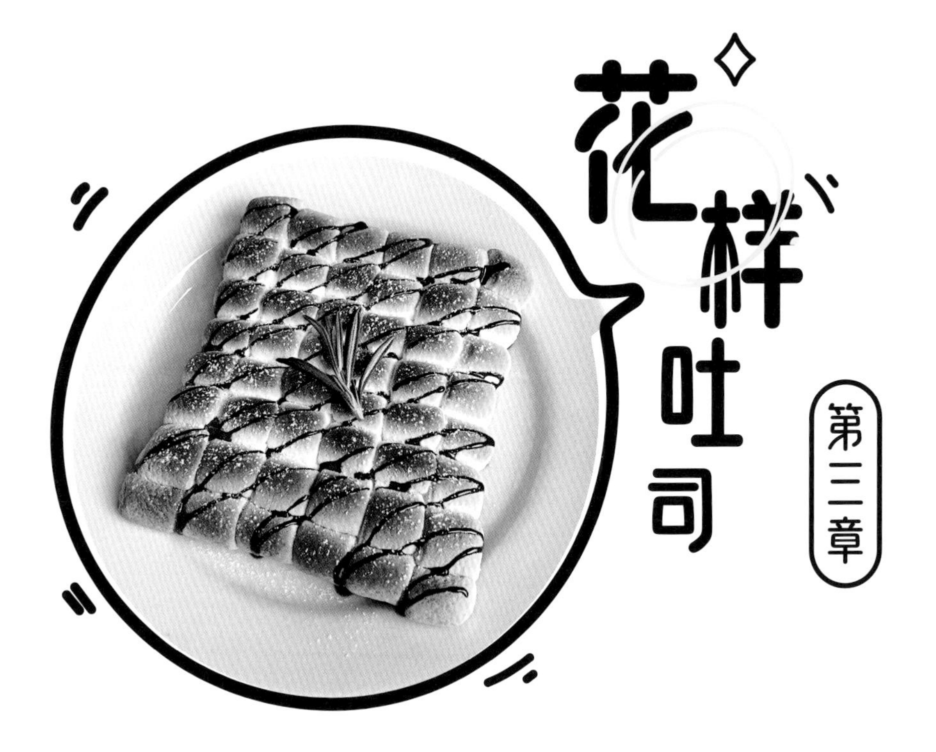

香气四溢的味道，
柔软绵密的口感，
经得起各种舌尖的挑剔。
想和你一起分享，
爱的甜蜜。

爆浆芋泥三明治

《日升月落》——Hea2t

这款芋泥三明治，外面的吐司煎过之后也还是软软的，吃起来有淡淡的蛋香。里面的芋泥馅儿非常香甜，口感很绵密，这个组合真的“超赞”！

材料

芋头…………150 克
紫薯……………50 克
炼乳……………15 克
牛奶………100 毫升
吐司………………4 片
鸡蛋………………2 个
橄榄油…………5 克

步骤

1. 芋头和紫薯去皮、切块，放入蒸锅中蒸 20 分钟。

2. 在蒸好的芋头和紫薯中加入炼乳和牛奶，放入料理机中打成泥。

3. 一片吐司去边，铺上一半紫薯芋泥混合物，再盖上另一片去边的吐司。

4. 鸡蛋打散。将夹馅儿的吐司裹上蛋液。

5. 在平底锅中刷少许橄榄油，放入裹上蛋液的吐司，将每面都煎至呈金黄色。再将另一个三明治做好，沿对角线切开即可。

朋友圈指南

如何摆盘?

这款吐司切的时候要沿对角线斜着切，这样可以露出更多的内馅儿。紫色的芋泥露出得越多，让人越有食欲。不需要装饰其他的东西，在盘中整齐叠放即可。

如何选餐具

选择一个稍宽一些的椭圆形餐盘，颜色选择比较柔和的奶白色较为合适。奶白色餐盘可以更好地凸显食物的颜色。

基督山伯爵三明治

♫ Pure Imagination—Rook1e/J´san
《子虚乌有》——Rook1e 或 J´san

这一盘颜色鲜艳的早餐，只是看着就会让人心情变好。

煎过的三明治外面口感是脆脆的，里面有果酱，每一口吃起来都带着香甜，让人非常满足。

材料

吐司……………3片
草莓酱…………5克
蓝莓酱…………10克
芝士片…………2片

大火腿片………2片
鸡蛋……………1个
面包碎…………40克
黄油……………8克

装饰用果蔬（自选）
……………………适量

步骤

1.

吐司去边。在1片吐司上涂上草莓酱。

2.

放上1片芝士片和1片火腿片。

3.

盖上1片吐司，涂上少许蓝莓酱，摆上1片芝士片和1片火腿片，最后盖上1片涂上了剩余的蓝莓酱的吐司。

4.

鸡蛋打散。把吐司裹上蛋液。

5.

每一面都蘸上面包碎。

6.

在不粘锅中放入黄油，用小火烧至化开，放入吐司，将每面都煎至金黄。

7.

按照成品图的样子切开，装盘。将装饰用的果蔬切好，装饰到盘边即可。

朋友圈指南

如何摆盘？

将三明治装盘时，要将一半展示出金黄酥脆的表面，另一半展示出内部分层明显的馅料。这样摆盘会把三明治的特点全部展示出来。盘子剩余的空间切一些果蔬来装饰。尽量使用颜色比较鲜艳的果蔬，数量不要多，品种要多一些。每样果蔬使用一点儿，使成品看起来更精致。

做早餐拼盘，我一般都会选择一个尺寸大一些的圆盘或者椭圆形的餐盘。今天选择了银色的椭圆形餐盘，颜色和三明治形成鲜明的对比，更能突出三明治。较大的餐盘还可以有空余的地方装一些水果。

♫ *La Vie en Rose*—Olivia Herdt

《玫瑰人生》——奥利维娅·赫特

三明治大概是我做起来最得心应手的食物了。

两片吐司中间可以夹任何食材，感觉怎么搭配都不会出错。

香甜的鸡蛋再加上牛油果，营养又美味。

材料

吐司……………2片	蛋黄酱…………8克	黑胡椒粉………5克
牛油果………1/2个	鸡蛋……………4个	盐………………4克

步骤

1. 两个鸡蛋放入沸水中煮10分钟至熟。两个鸡蛋放入沸水中煮7分钟，煮成溏心蛋。

2. 牛油果加2克盐和3克黑胡椒粉，压成泥。

3. 熟鸡蛋剥壳后压成泥，加入蛋黄酱、2克盐和2克黑胡椒粉，拌匀。

4. 在两片吐司上分别涂上牛油果混合泥和鸡蛋混合泥。

5. 在两片吐司中间夹两个剥壳溏心蛋。

6. 用保鲜膜包起来，切开即可。

朋友圈指南

如何摆盘?

切中间夹了溏心蛋的三明治的时候，一定要找好鸡蛋的方向，要把溏心蛋切开。摆放的时候也要将溏心蛋展示出来。因为三明治的内馅儿已经很丰富了，所以只要简简单单地放入合适的盘中即可。

如何选餐具

三明治要切开摆放，所以选择了一个银色的椭圆形餐盘，刚好可以斜着放下三明治，还不会留下太大的多余的空间。银色的餐盘可以把三明治的内馅儿衬托得更明亮。

无花果酸奶三明治

♫ Gotta Have You—The Weepies
《不能没有你》——伤感乐队

每次到无花果成熟的季节我都会做这一款三明治。
希腊酸奶代替了奶油，吃起来很清爽。
冷藏过后的希腊酸奶口感就好像冰激凌一样，配上香甜的无花果，更加美味了。

材料

无花果…………2 个
吐司……………2 片
希腊酸奶……100 克

三明治做好后整体颜色偏浅，所以选择一个棕色的木质托盘比较合适。它可以更好地衬托出三明治的颜色。

步骤

1. 吐司去边。在 1 片吐司上涂一层 1 厘米厚的希腊酸奶。

2. 放上无花果。无花果之间的缝隙和无花果上面涂上剩余的希腊酸奶。

3. 盖上另一片吐司，用保鲜膜包起，标记好无花果的朝向，放入冰箱冷藏两小时或者过夜。

4. 切开后再按照成品图的样子装饰一下即可。

朋友圈指南

如何摆盘?

三明治做好后从中间切开。将油纸剪成适合包三明治的宽度。两侧捏紧用绳子系成蝴蝶结即可。有了这个糖果样的包装，三明治的颜值瞬间就提升啦!

咸蛋黄麻薯三明治

这是一款需要用刀叉来吃的三明治。

溢出来的馅料让人看着都非常满足，迫不及待地想吃一口。

里面有香甜的芋泥、拉丝的麻薯和咸香的咸蛋黄，馅料实在太诱人了。

Summer—Keshi

《夏天》——芥子

材料

吐司……………2片	辣肉松…………40克	牛奶………300毫升
芋泥……………50克	黄油……………10克	木薯淀粉………35克
咸蛋黄…………3个	白砂糖…………10克	

步骤

1. 将木薯淀粉、牛奶、黄油和白砂糖放入不粘锅中，用小火加热，搅拌均匀，制成麻薯。

2. 在每片吐司上分别涂上一半的芋泥。

3. 在1片吐司上放上麻薯和咸蛋黄。

4. 铺上辣肉松。

5. 盖上另一片涂了芋泥的吐司。

6. 用保鲜膜包起来，从中间切开即可。

朋友圈指南

如何摆盘?

摆盘的时候要摆出馅料流出来的感觉——那种让人一眼看上去就非常想吃，非常有食欲的感觉。馅料本来就已经非常吸引人啦，上面只需要用一个可爱的小竹签把三明治固定住就可以了，不需要多余的装饰品。

选用乳白色的 6 寸宽边圆盘，搭配透明的杯子即可。

芝士厚蛋烧三明治

黑和金的组合让人眼前一亮。

第一次尝试吃竹炭吐司，感觉它的味道和普通吐司没什么差别，但是偶尔尝试一下新食物还是很开心的。

中间夹的厚蛋烧，一口咬下去还会爆浆。芝士爱好者不能错过呀。

♫ Ring—Selena Gomez
《戒指》——赛琳娜·戈麦斯

材料

竹炭吐司………2片	蛋黄酱…………5克	植物油…………3克
鸡蛋（打开）…4个	牛奶……… 10毫升	干欧芹碎……… 少许
芝士片…………1片	盐 ………………4克	

步骤

1\. 鸡蛋液加牛奶和盐打散。

2\. 在玉子烧锅中刷上植物油。

3\. 倒入少许蛋液混合物，放上半片芝士片，煎至成形。

4\. 卷起，推至一侧，倒入剩余的蛋液混合物，放上半片芝士片，煎至成形，卷起，即成厚蛋烧。

5\. 将两个厚蛋烧整理成长方体。

6\. 在1片吐司上涂上蛋黄酱。

7.

放上厚蛋烧。

8.

盖上另一片吐司，从中间切开，撒干欧芹碎装饰即可。

朋友圈指南

如何摆盘?

今天的“黑金三明治”完全不需要刻意摆盘，切开后就非常抓人眼球了。装饰材料只需要一些干的欧芹碎即可。简简单单就很美。

黄色的厚蛋烧和黑色的吐司是一个很奇特的组合，所以选择一个乳白色的椭圆形餐盘即可。建议不要选择纯白色的，乳白色餐具和黑色的吐司搭配会更好一些。

切开三明治看到切面的一瞬间，我就有一种到了夏天的感觉。好像花朵真的开在了我的吐司里面，超级美。

甜甜的奶油和水果放在一起是绝配。酸酸甜甜的味道在口中爆开，别提多幸福啦。

The Piano—野崎良太
《钢琴》——野崎良太

材料

吐司……………4 片	草莓……………1 个	淡奶油………150 克
橘子……………1 个	奇异果片………6 片	白砂糖…………12 克

步骤

1.

淡奶油加白砂糖打至拉起打蛋器后奶油呈小直勾的状态。

2.

在 1 片吐司上抹一层打好的奶油，放上 1 片奇异果片和橘子。

3.

在奇异果片上涂一层奶油，再放 1 片奇异果片。再涂一层奶油，放 1 片奇异果片。

4.

用部分奶油把橘子和奇异果片包裹起来，填满缝隙。

5.

盖上另一片吐司，用保鲜膜包起，标记好橘子的方向，在冰箱中冷藏两小时。取出后切开。

6.

用剩余的材料按照上面的方法制作另一个三明治，按成品图的样子切开即可。

为了更好地展示三明治，我选择了一个木质的小板。不要选择白色的餐盘，它会使吐司“虚化”，让整体看着不完整。

朋友圈指南

如何摆盘?

这款三明治的颜值本身就“在线”，所以只需要挑选一个合适的餐具即可。木质托盘衬托的三明治让人更有食欲。有一点需要注意，制作三明治的时候水果的朝向不要搞错了。

做好的厚吐司，里面的口感非常像布丁。

涂上酸奶，撒一层厚厚的黄豆粉，非常美味。一整块都被吃完了，我还有点儿意犹未尽。奶香非常浓郁，软软的，超好吃。

材料

厚吐司…………1 片　　牛奶………10 毫升　　黄豆粉………20 克

酸奶…………70 克　　鸡蛋（打散）…2 个

步骤

1.

在鸡蛋液中加入牛奶，打散。

2.

放入厚吐司，浸泡5分钟左右。

3.

吐司放到烤盘上。烤箱用180 ℃预热5分钟，放入烤盘，烤20分钟。

4.

酸奶和10克黄豆粉混合，搅拌均匀。

5.

把酸奶混合物涂在烤好的吐司上。

6.

撒上剩余的黄豆粉即可。

朋友圈指南

如何摆盘?

烤好的厚吐司放在盘子的中心处。涂酸奶混合物的时候要让它从吐司的四周流下来一些，但不要流下来太多。最后在酸奶混合物的表面撒一些黄豆粉，会让人更加有食欲。

今天的吐司有一定的厚度，所以选择一个平盘较为合适。宽边的平盘可以更好地展示中间的吐司。颜色选择奶白色，会让食物看着更加柔和。

花生酱烤吐司

Janet—Ampoff
《珍妮特》——埃姆泡夫（音译）

喜欢在吐司的表面撒一层白砂糖，烤出来后白砂糖成了焦糖，吃起来非常美味。香浓的花生酱和香甜的吐司是非常完美的组合。这一份早餐真想每天都吃。

材料

吐司……………2 片	颗粒花生酱……15 克	坚果碎…………3 克
香蕉（切片）…1 根	芝士片…………1 片	
鸡蛋（打散）…2 个	白砂糖…………4 克	

步骤

1.

在 1 片吐司上涂上花生酱。

2.

铺上芝士片。

3.

盖上另一片吐司，均匀地裹一圈蛋液。

4.

铺上香蕉片，在表面刷上剩余的蛋液，撒上坚果碎和白砂糖。

5.

放入空气炸锅中，用 180 ℃烤10分钟即可。

朋友圈指南

如何摆盘?

油纸在铺到盘子上之前，用力抓出褶皱。把烤好的吐司放到有褶皱的油纸上，让画面看起来非常饱满。一把木柄的叉子可以放在吐司的旁边，让画面留白不至于太多。

选择一个与吐司差不多大小的6寸平盘(直径约20厘米)，再找一张棕色的油纸。我选择了木质把手的叉子，这样使整体看起来是黄色系的，让人感觉很温馨。

咖啡吐司布丁

记得那天下了一场雨，所以做了这份热乎的咖啡吐司布丁。

外层酥脆，内里软嫩，加上香蕉和坚果，口感非常丰富。

♫ *Rain*—Ruben Wan
《雨》——温俊斌

材料

吐司……………2 片	花生酱…………15 克	黑巧克力碎……15 克
牛奶………… 30 毫升	鸡蛋（打散）…2 个	坚果碎………… 少许
咖啡液……… 10 毫升	香蕉（切块）…1 根	

步骤

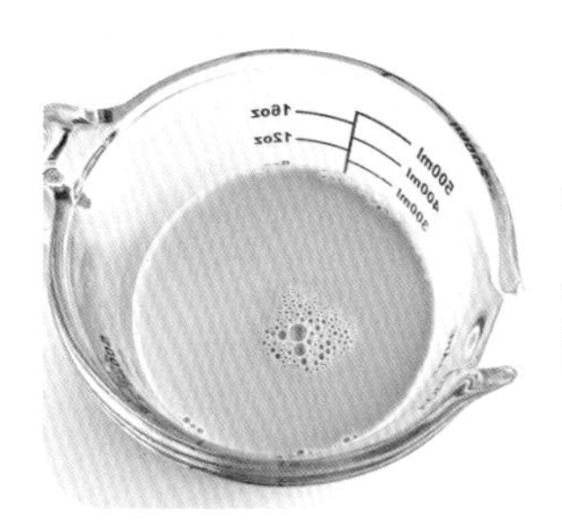

1.

在鸡蛋液中加入牛奶和咖啡液，搅拌均匀。

2.

吐司切成小块，放入咖啡液混合物中，泡5分钟左右。

3.

泡好的吐司块和香蕉块放入烤碗中。

4.

表面撒黑巧克力碎。

5.

放入烤箱中，用 180℃烤 20 分钟。

6.

在表面淋花生酱，撒坚果碎即可。

朋友圈指南

如何摆盘?

将装好吐司的盘子放进烤箱前，就要注意吐司摆放的位置。吐司要尽量放得比较整齐，烤出来的成品会比较好看。巧克力碎要撒得均匀些。花生酱装饰在吐司的中间部分，四周要露出吐司。最后再均匀地撒一些坚果碎来装饰即可。

选择一个可以直接放进烤箱的餐盘，烤好的食物直接就可以端出来食用。我选择了浅棕色的烤盘，与食物的颜色比较接近。这样的搭配使得整体不会很有跳跃感。

棉花糖吐司
For You—Vietra
《为你》——维埃特拉
天气冷的时候就会想吃一些高热量的食物。
烤出来的棉花糖会膨胀，如果用了大的棉花糖，就在烤好的棉花糖上面画一些小表情，做出的成品应该很可爱。
棉花糖烤过之后入口即化，底部的吐司也被烤得脆脆的，一口咬下去，香甜酥脆，非常美味。

材料

吐司………………1 片	巧克力酱………15 克	太古糖粉…………3 克
小棉花糖………48 颗	芝士片……………1 片	迷迭香……………1 枝

步骤

1. 在吐司上涂上大部分巧克力酱。

2. 放上芝士片。

3. 摆上棉花糖。将材料放入烤箱中，用180℃烤 5 分钟。

4. 在表面斜着淋上剩余的巧克力酱，撒太古糖粉，用迷迭香装饰即可。

朋友圈指南

如何摆盘?

烤好的棉花糖吐司是可以直接食用的，但是为了看起来更加美观，我们在棉花糖的表面斜着均匀地淋上了一些巧克力酱，再撒一些糖粉。最后装饰一小枝迷迭香，成品的颜值瞬间达到一百分。

烤好的棉花糖表面是呈棕色的，所以餐具要选择奶白色的，不要用纯白色的。用纯白色的餐盘看着会非常冷硬。

《夕日》（日语）—Bassy/ 茶太
《夕阳》——巴锡或茶太

吐司是冰箱中必不可少的早餐食材。

随便配了两片培根、一个鸡蛋和一些芝士就非常美味了。

培根被烤得焦香可口，吐司被烤得脆脆的。来上一口，里面有鸡蛋、芝士、培根，馅料太丰富了。

材料

吐司……………2 片
马苏里拉芝士 ·15 克
鸡蛋……………1 个
培根……………2 条
芝士片…………1 片
番茄酱…………5 克
干欧芹碎……… 少许

步骤

1.
在 1 片吐司上涂上一层番茄酱，然后铺上芝士片。

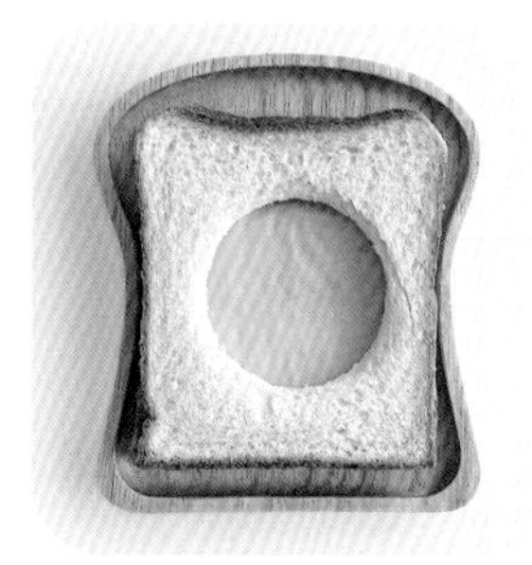

2.
将另一片吐司用杯口在中间压出一个圆洞。

3.
放上培根。

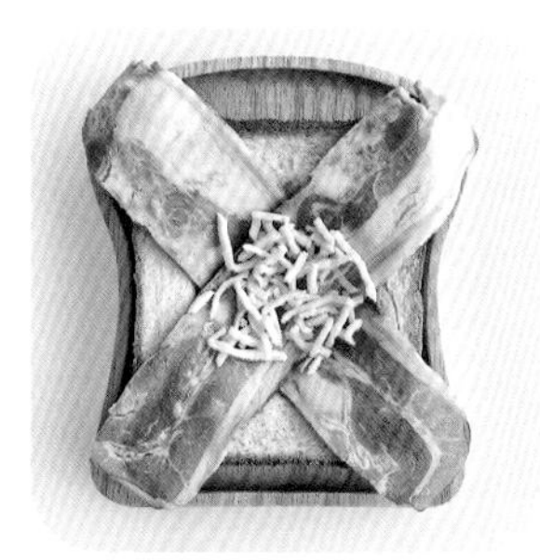

4.
放上少许马苏里拉芝士。

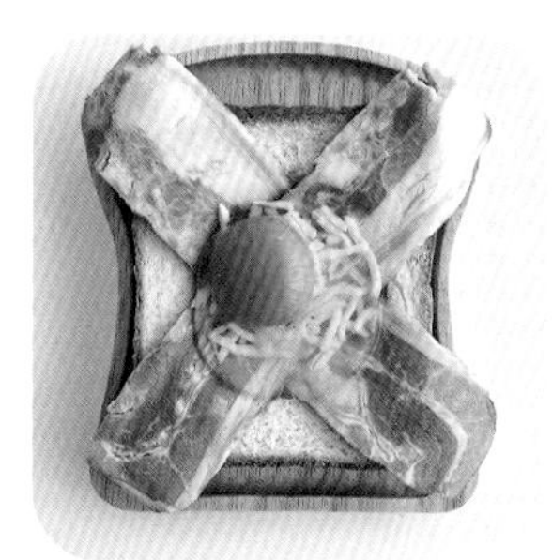

5.
打入鸡蛋。

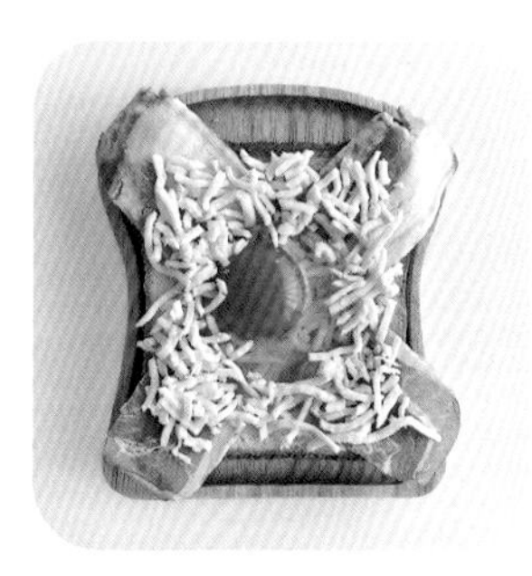

6.
在鸡蛋周围放上剩余的马苏里拉芝士。放在第一步的吐司上。

7.
放入烤箱中用180℃烤15分钟，用干欧芹碎装饰即可。

朋友圈指南

如何摆盘?

食物本身材料比较丰富，所以摆盘越简单越好。但是在制作食物的时候，要注意将食材摆放到正确的位置，这样烤出来的成品才更加完美。出炉后只需要简单地撒一些干欧芹碎即可。

食物本身的材料和颜色都比较丰富，只需要选择最简单的白色平盘盛放。可以用一张油纸增加层次感。

牛油果香蕉吐司卷

♫ *Where the Story Begins*—七结音
《故事在哪里开始》——七结音

压牛油果泥、卷香蕉、切吐司卷、摆盘，做早餐的过程是非常令人享受的。

焦香的吐司和香甜的香蕉组合在一起格外美味。一个个地吃，根本停不下来。

材料

吐司················2 片	鸡蛋················1 个	植物油············3 克
香蕉················2 根	盐···················4 克	
牛油果·········1/2 个	黑胡椒粉·········3 克	

步骤

1.

吐司去边，擀成厚 0.5 厘米的薄片。

2.

牛油果去皮取肉，加 2 克盐和黑胡椒粉，压成泥。

3.

在 1 片吐司上涂上一半牛油果泥混合物，放上 1 根香蕉卷起来。

4.

鸡蛋液加 2 克盐打散。将 1 个吐司卷裹一圈蛋液。按照同样的方法将另一个吐司卷也做好。

5.

在不粘锅上刷上植物油，放入吐司卷煎至一圈都变色，切成小段装盘即可。

朋友圈指南

如何摆盘?

制作吐司卷的时候，尽量将牛油果泥混合物铺得比较均匀，这样切出来的小段才会比较好看。小段的厚度也要把握好。依次叠放到盘中，整整齐齐，让人更有食欲。

如何选餐具

选择一个宽边的椭圆形餐盘，中间的空间刚好可以放下两排吐司小段。餐盘不要选择太大的或者太小的，留白太大或者摆放得很挤都不太美观。

肉松吐司卷

♫ *Oana*—Otto A Totland
《瓦娜》——奥托 · A. 托特兰

材料

吐司……………6 片	鸡蛋（打开）…2 个	盐………………4 克
肉松……………50 克	火腿丁…………20 克	植物油…………5 克
蛋黄酱…………30 克	香葱碎…………15 克	
马苏里拉芝士 ·30 克	黑芝麻…………10 克	

步骤

1.

在鸡蛋液中加入火腿丁、黑芝麻、香葱碎，打散，加入盐调味。

2.

吐司去边，然后擀薄。

3.

放上少许肉松和少许马苏里拉芝士，沿短边卷起来。

4.

依照此法将所有吐司片都卷起来。留一些肉松备用。

5.

吐司卷裹一圈蛋液混合物。

6.

不粘锅中刷一层油，放入吐司卷，煎至四周金黄。

7.

煎好的吐司卷两端蘸蛋黄酱和肉松即可。

朋友圈指南

如何摆盘?

长条状的吐司卷放在盘中时要一层层叠放，这样会比较好看——既有层次感又可以突出侧面的肉松，充分展示出食物的特点。

奶白色的餐盘是最能衬托出食物特色的。6寸宽边盘（直径约20厘米）是最常用的餐具。放上食物后，看起来很干净。搭配了奶白色的叉子和透明杯子，看起来非常温柔。

芝士培根吐司卷

♫ *Older*—Sasha Alex Sloan

《长大以后》——萨沙 · 亚历克丝 · 斯隆

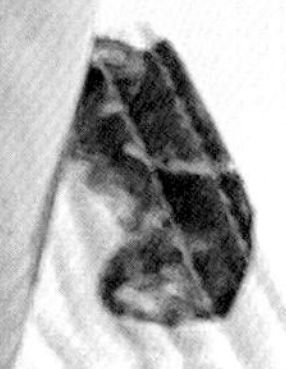

拍摄这张照片的那一天是阴天，拍出的成品却给人一种金灿灿的感觉。

吐司和培根烤得焦香酥脆，咬一口还会爆出芝士。

材料

吐司……………2 片	培根……………2 片	黑胡椒粉……… 少许
午餐肉…………2 片	蛋黄（打散）…1 个	干欧芹碎……… 少许
芝士片…………2 片	番茄酱………..10 克	

步骤

1.

将两片吐司去边，分别切成两半，涂上番茄酱。

2.

在半片吐司上分别放上 1 片午餐肉。

3.

分别放上 1 片芝士片。

4.

盖上另一半片吐司，用培根卷起来。

5.

表面刷上蛋黄液，撒上黑胡椒粉。

6.

放入烤箱中用 180℃烤 11 分钟，撒干欧芹碎即可。

朋友圈指南

如何摆盘?

把棕色油纸揉出褶皱，铺在盘子上，放上成品，让这盘食物更有立体感。烤出来的吐司卷金灿灿的，在上面撒一些干欧芹碎即可。

烤出来金灿灿的吐司最适合用白色的盘子盛放。下面垫一张捏出褶皱的油纸，简简单单，却显得非常完美。

Timeless—Chinsaku
《永恒》——奇萨库（音译）

早餐盘中有了绿色，瞬间明亮了起来。

烤过的吐司脆脆的，还有芝士和火腿，一口下去咸香酥脆，再加上清爽可口的芦笋，实在太美味啦！

材料

吐司……………3片　火腿片…………3片　甜椒粉………… 少许

大虾……………3只　芦笋……………9根

芝士片…………3片　芥末籽酱………5克

步骤

1.

芦笋放入沸水中焯3分钟，捞出备用。

2.

1片吐司去边擀薄，涂上部分芥末籽酱。

3.

放上1片芝士片和1片火腿片。

4.

取3根芦笋斜放在吐司上。

5.

将吐司的两个对角叠起，用牙签固定。依此法做好全部吐司卷生坯。

6.

放入烤箱中，用200℃烤10分钟。

7.

大虾煮熟，放在吐司上，用竹签固定，撒甜椒粉。将所有吐司卷都做好即可。

整根的芦笋比较长，放在盘中需要斜着摆放。选择一个宽一些的椭圆形餐盘，窄边的最好。放三个吐司卷刚刚合适，不会空出太多的空间。

朋友圈指南

如何摆盘?

一般来说，长条食物的摆放技巧就是选择椭圆形的餐盘，斜着摆放。这样摆放，空间感比较足。吐司卷用竹签固定，看着更加立体。在表面撒一些甜椒粉，增加一些美感，让人更有食欲。

爆浆花生酱西多士

My Cookie Can—卫兰
《我的饼干罐》——卫兰

每次到草莓收获的季节，我都会做西多士。

裹满了蛋液的吐司用铸铁锅煎会更美味。

咬一口，外酥里嫩，再来一口酸酸甜甜的莓果，多种味道在嘴中弥漫，简直太幸福啦！

材料

牛奶吐司………2 片	黄油…………10 克	盐………………2 克
草莓（切块）…3 个	鸡蛋（打开）…1 个	太古糖粉………3 克
蓝莓………4 ~ 5 个	牛奶……… 15 毫升	
树莓………4 ~ 5 个	花生酱……约 20 克	

步骤

1\. 牛奶吐司去边，切成长方体的小块。

2\. 在一半吐司块上涂上花生酱，盖上另一半吐司块。

3\. 鸡蛋液加牛奶和盐打散。将上一步的吐司块蘸一圈混合蛋液。

4\. 在平底锅凉的时候放入黄油，用小火将其烧至化开。

5\. 放入裹了蛋液的吐司块，煎至每一面都呈金黄色。

6\. 放入盘中，放上草莓块、蓝莓、树莓。也可以放上自己喜欢的其他水果。撒上太古糖粉即可。

为了彰显食材，盘子要选择平盘，8 寸宽边的（直径约 27 厘米）最佳。乳白色餐盘能使整体更加柔和。

朋友圈指南

如何摆盘?

为了让成品看起来比较有层次感，将吐司小块在盘中先围成一个圆形，然后在上面再放一个吐司小块。

水果就放在吐司小块的缝隙处，表面也可以放一些小的水果装饰，量不可过多。

撒糖粉时要撒得均匀，做出的成品更加美观。

《风》—Infinite Mask
《风》——无限面具（直译）

减肥的时候真的是不想多吸收一点儿热量。

这款食物用的都是低热量的食材。这么一份低热量的小蛋糕，我吃起来是非常满足的。

希腊酸奶的口感和奶油非常接近，一口下去就好像在吃真的蛋糕一样。

材料

希腊酸奶………80 克　　香蕉（切片）…2 根　　蓝莓……20 个左右
全麦吐司………2 片　　黄豆粉…………20 克

步骤

1.
希腊酸奶加大部分的黄豆粉搅拌均匀。吐司切去边。

2.
在 1 片吐司上涂上部分酸奶混合物。

3.
放上适量的香蕉片。

4.
再盖上一片吐司，涂上剩余的酸奶混合物。

5.
摆上剩余的香蕉片和蓝莓。

6.
表面撒剩余的黄豆粉即可。

朋友圈指南

如何摆盘?

为了使成品更美观且口感更好，要把吐司的边去掉。最上面的香蕉片和蓝莓摆放时要摆得整齐一些。最后撒一些黄豆粉，会让人更有食欲。

如何选餐具

餐盘要选择乳白色的，宽边的餐盘会让整体看起来更有空间感。搭配的杯子和刀叉也是棕色系的，给人一种很舒服的感觉。

第四章 一张饼的多样性

小饼如镜，

大饼如盘。

若无俗务缠身，

携饼浪迹人间。

爆浆芝士蔬菜卷

Soft Skin—Timmies
《柔软的皮肤》——蒂米斯（音译）

材料

卷饼……………1 张	胡萝卜…………30 克	植物油……………5 克
芝士片……………2 片	香葱……………20 克	盐……………………4 克
彩椒……………30 克	鸡蛋（打散）…2 个	黑胡椒粉…………5 克
洋葱……………20 克	午餐肉…………30 克	

步骤

1. 午餐肉、胡萝卜、彩椒、洋葱、香葱全部切成 0.5 厘米左右见方的小丁。

2. 锅内放入植物油，炒香午餐肉丁和洋葱丁。

3. 加入香葱丁、胡萝卜丁和彩椒丁，加盐和黑胡椒粉调味。

4. 向锅中倒入打散的蛋液。

5. 表面蛋液没有完全凝固时盖上一张卷饼。

6. 翻面放上两片芝士片，从一侧卷起，切小段即可。

朋友圈指南

如何摆盘?

蛋卷做好后，要切成大小相同的小段。看清楚蛋卷内部的方向，依次摆放就可以。摆放得整齐一些，看着就非常“治愈”。

像这种卷类的食物，我都比较喜欢用方形的托盘来装。可以更好地展示出食物内部的材料，大小也刚刚合适。

爆浆芝士蟹柳卷饼

这款卷饼有满满的蔬菜和大虾，吃完让人有一种意犹未尽的感觉。真的非常好吃。

虾和蟹柳的鲜香全部融入了蛋液里面。每一口都非常鲜美。

Younger—The Hails
《年轻的时光》——冰雹乐队

材料

包菜丝………100 克	芝士片…………2 片	植物油………… 少许
蟹柳丝…………50 克	卷饼 ………………1 张	甜椒粉………… 少许
虾仁 ……………50 克	盐 …………………4 克	干香草碎……… 少许
鸡蛋（打散）…2 个	黑胡椒粉………4 克	

步骤

1.

虾仁用少许盐和少许黑胡椒粉腌制 5 分钟，放入加了植物油的锅中煎至变色，盛出备用。

2.

锅中放入包菜丝和蟹柳丝，加入剩余的盐和剩余的黑胡椒粉炒软。

3.

放上虾仁，倒入打散的蛋液。

4.

底部凝固后盖上卷饼。

5.

借助盘子翻面，放上两片芝士片。

6.

叠起来，小火加热至芝士化开，切成 3 份，撒甜椒粉和干香草碎即可。

做好的卷饼分成了三份，所以选择了一个椭圆形的宽边餐盘盛放。垫上一张油纸，让画面看起来更加饱满。

朋友圈指南

如何摆盘?

蛋饼里面加了芝士片。为了可以展示出爆浆的材料，可以把蛋饼分成三等份，在椭圆形的盘中依次摆放。每块蛋饼里面的食材都能显示出来，让人非常有食欲。摆好盘后，在表面撒一些甜椒粉和干香草碎即可。

花生酱香蕉可丽饼
这应该是一款我做过的比较简单的早餐了。
简单的食材使用简单的步骤制作，味道却不简单。
香蕉和花生酱就是天生的一对好搭档，味道特别香浓，超好吃。
Limbs of Faith—Beauvois
《信仰之翼》——博瓦

材料

卷饼……………2 张	花生酱…………15 克	冷冻黑莓………1 个
香蕉（切片）…1 根	巧克力酱………20 克	
希腊酸奶………20 克	冷冻草莓………1 个	

步骤

1. 卷饼如图剪开。

2. 如图所示，涂上一半酸奶和一半花生酱，放上少许香蕉片。

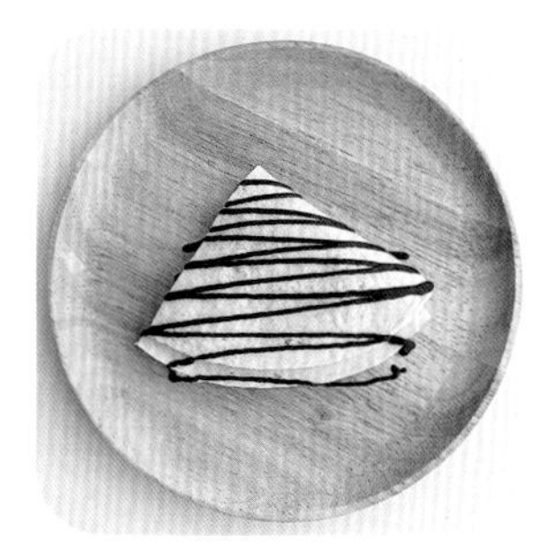

3. 叠起来，表面挤上少许巧克力酱。依此法做完另一份。用冷冻草莓、冷冻黑莓和剩余的香蕉片、巧克力酱装饰即可。

朋友圈指南

如何摆盘?

可丽饼做好后分成两份，其中一份放在盘子靠右的部分，另一份的一部分叠在第一份上面。两侧空余的地方摆上冷冻的莓果和香蕉片，增加了餐盘的美感。颜色搭配起来也更完美了。

做好的可丽饼分成了两份，放在圆形的盘中最为合适。因为卷饼的颜色与餐盘的颜色比较接近，所以垫一张油纸来增加层次感是比较好的。

One and Only—Joshua Radin
《唯一的》——乔舒亚·雷丁

这款塔克和比萨的口感非常相似。

平时就喜欢做这种可以随意搭配食材的食物，每一次尝试都是一种惊喜。

烤好的塔克饼皮口感是脆的，里面的内馅是咸香的。一口一口，仿佛在吃小比萨一样。

材料

卷饼………1 ~ 2 张
午餐肉丁………50 克
蒜末……………10 克
海鲜菇丁………50 克
口蘑……………20 克
马苏里拉芝士 ·30 克
熟鸡蛋（切块）1 个
盐…………………4 克
植物油……………5 克
黑胡椒粉…………4 克
熟虾仁……………2 个
蟹柳（撕成丝）1 个
干香草碎……… 少许

步骤

1. 卷饼用圆形模具压成直径为8厘米的小圆饼。

2. 锅内放入植物油，炒香蒜末。

3. 放入海鲜菇丁和午餐肉丁，加盐和大部分黑胡椒粉，炒软备用。

4. 在小圆饼中间放上部分炒好的各种丁。

5. 上面放少许马苏里拉芝士，用锡纸条系上，固定一下，即成塔克生坯。将所有塔克生坯都做好。

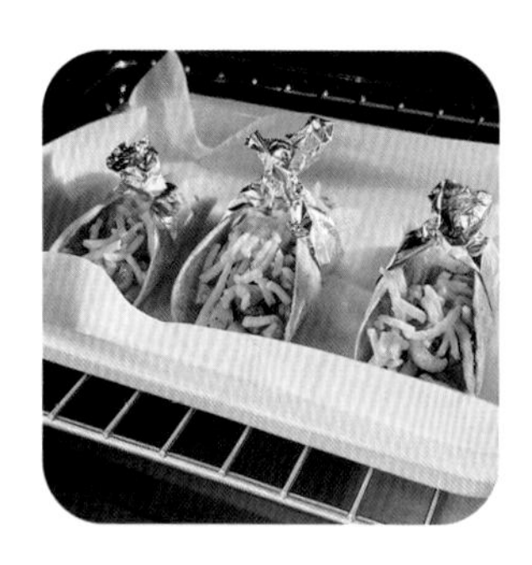

6.

放入烤箱中，用180℃烤10分钟。

7.

烤好的塔克上面分别放上虾仁、鸡蛋块和蟹柳丝，撒上剩余的黑胡椒粉和干香草碎即可。

朋友圈指南

如何摆盘?

塔克在摆拍时尽量并排摆放，这样才能展示出丰富的材料。用椭圆形的长盘或者方形的长盘都可以，不要用圆形的盘子。塔克摆好后在上面和四周都撒一些干香草碎，使盘子看起来不会很空。

今天的塔克想要并排放在盘子中，所以选择了一个比较长的椭圆形餐盘，摆放三个塔克刚刚好。选择了做旧颜色的餐盘，配上棕色的杯垫和餐具，很搭。

辣白菜香肠花轮"比萨"

Sweet—CAS

《甜蜜的》——CAS 乐队

这个花轮造型的"比萨"颜值真的好高呀！懒惰的时候，只需要一张卷饼就能吃到薄底的"比萨"真的好棒。

烤好的"比萨"边角都是非常脆的，"比萨馅儿"则又香又辣，再配上拉丝的芝士，让人吃起来好满足。

材料

辣白菜…………40 克	盐 ……………………4 克	植物油…………5 克
香肠……………30 克	黑胡椒粉…………4 克	干欧芹碎……… 少许
红菜椒、黄菜椒…… ………………共 25 克	卷饼 …………………1 张 马苏里拉芝士碎 ·· 40 克	甜椒粉………… 少许

步骤

1.

辣白菜、香肠、红菜椒、黄菜椒切小丁。不粘锅放植物油，加入香肠丁、辣白菜丁、红菜椒丁和黄菜椒丁，翻炒 2 分钟。

2.

加盐和黑胡椒粉调味。

3.

在卷饼中间放一个直径 8 厘米左右的小碗。将碗周围的卷饼切成八等份。

4.

如图所示，用牙签把每个角固定上。

5.

中间放上炒好的辣白菜丁混合物，表面撒上马苏里拉芝士碎。

6.

将烤箱预热 5 分钟，用 180℃烤 10 分钟，撒干欧芹碎和甜椒粉即可。

朋友圈指南

如何摆盘?

烤好的“比萨”表面是偏黄色的，在表面撒一些干欧芹碎，用绿色食材点缀一下会让人更加有食欲。餐盘内不需要再装饰其他的东西。

花轮“比萨”的造型比较独特，给人眼前一亮的感觉，所以餐盘只需要选择一个 10 寸的宽边平盘（直径约 33 厘米）即可。

paris
your Darling
郁金香奶酪小“比萨”
《盛夏之末》——Hea2t
提起郁金香我就会想到春天。
楼下花园里种的一片郁金香真的非常美。
小“比萨”饼底薄薄的，咬一口脆脆的。配上香浓的芝士，味道非常棒。

材料

卷饼……………2 张
奶酪……………50 克
芝士片…………20 克
红圣女果………2 个
香菜杆…………1 根
黄圣女果………2 个
绿叶……………适量

步骤

1.

1 张卷饼剪成两个椭圆形的小饼。

2.

两种圣女果分别切两半，再切成郁金香花苞的形状。香菜杆切小段。

3.

在奶酪中加入化开的芝士片搅拌均匀。

4.

将一半奶酪混合物涂在2张小卷饼上，涂匀。

5.

如图所示，放上部分切好的圣女果和部分香菜杆小段，组装成郁金香的形状。放入烤箱，用 180℃烤 10 分钟，摆上绿叶。用剩余的材料依上述方法再做两个即可。

如何选餐具

如郁金香油画一般的小“比萨”单独看就非常好看了，所以盘子选择简单的奶白色餐盘就可以了。两个小“比萨”放进盘子中，选择椭圆形的最合适。

朋友圈指南

如何摆盘?

食物本身就非常漂亮，所以摆盘时只需要注意摆的方向即可，无需添加多余的装饰品。整体很简洁，越简单越好看。

每次做这款饼都将其中的牛肉酱多做出来一些，留着下一次拌米饭或者拌面吃，它很受全家人的欢迎。

煎得微脆的饼皮加上满口爆汁的牛肉馅儿，咸香味美，让你吃一口就会爱上。

Chaperone—Hurts

《伙伴》——伤痛乐队

材料

牛肉末………150 克	马苏里拉芝士 ·30 克	黑胡椒粉………6 克
卷饼………………1 张	芝士片…………2 片	盐………………3 克
土豆块…………80 克	生抽……………8 克	植物油…………5 克
蛋黄酱…………10 克	老抽……………8 克	干香菜碎……… 少许
番茄块…………70 克	番茄酱…………16 克	
洋葱丁…………30 克	白糖……………4 克	

步骤

1.

土豆块蒸熟，加入少许黑胡椒粉以及盐、蛋黄酱压成泥。

2.

锅内放入植物油，放入洋葱丁炒香。

3.

加入牛肉末翻炒至变色。

4.

加入番茄块炒出汁水。

5.

加入生抽、老抽、番茄酱、白糖、剩余的黑胡椒粉，翻炒均匀盛出备用。

6.

不粘锅中放入卷饼，在一半饼的上面铺上土豆泥混合物。

7.

放上马苏里拉芝士和牛肉末混合物。

8.

盖上芝士片。

9.

叠起，开小火，加热至两面变色，撒上干香菜碎，切开即可。

朋友圈指南

如何摆盘?

这种都要溢出来馅儿的食物，摆盘后就不需要进行过多装饰了，简简单单地放在盘子上就可以了，避免喧宾夺主。只要在摆放饼的时候注意一下位置就可以了。

今天的饼馅儿满得快要溢出来啦，所以选择了一个有一点儿深度的椭圆形餐盘，垫上了一张揉出褶皱的油纸，这样能将食物衬托得更加美观。

牛油果芝士瀑布蛋饼

Lucky—Lenka
《幸运的》——莲卡

今天的早餐让人有一种在吃“芝士瀑布”的感觉。黄色的芝士和绿色的牛油果组合在一起好诱人。这种爆浆的画面让人觉得太舒服了。

香浓的芝士和口感绵密的牛油果在口中相遇，味道让人感到惊艳。

材料

牛油果…………1 个	虾仁…………30 克	马苏里拉芝士 ·20 克
鸡蛋（打开）…3 个	芝士片…………2 片	干香菜碎……… 少许
盐………………4 克	卷饼……………1 张	
黑胡椒粉………6 克	黄油…………10 克	

步骤

1.

牛油果肉加 3 克黑胡椒粉压成泥。

2.

鸡蛋液中加入盐和 3 克黑胡椒打散。

3.

平底锅中加入黄油，用小火烧至化开，放入虾仁，将两面各煎 1 分钟。

4.

向锅中倒入打散的蛋液。

5.

在中间放上 1 片芝士片。

6.

蛋液凝固后盖上卷饼。

7.

翻面。

8.

在蛋饼上放上马苏里拉芝士。

9.

放上牛油果泥混合物和1片芝士片。

10.

叠起来，切开。摆盘时撒少许干香菜碎即可。

朋友圈指南

如何摆盘?

做好的蛋饼装盘时要从中间切开，把芝士和牛油果泥混合物爆浆的画面展示出来。两块蛋饼叠加在一起，视觉效果会更好一些。这款蛋饼不需要多余的装饰品，流出的芝士和牛油果泥混合物就很吸引人了。

切开的蛋饼会有芝士流出，所以选择了一款稍微有一点儿深度的圆盘。用一张棕色的油纸垫着，可以更好地展现出流出的芝士和牛油果泥混合物。

香肠酥皮“面包”

♫ *After the Rain*—Tom Barabas
《雨后》——汤姆·巴拉巴斯

做的时候最喜欢挤酱的环节。

酱料的包装袋开口一般很大，挤出来的样子不美观。可以把酱料装到裱花袋中，根据需要剪一个小口，挤出来的酱就非常完美了。

用手抓饼做酥皮真的好方便。烤过之后的饼皮酥脆掉渣，加上香甜的土豆泥和爆汁的烤肠，一口咬下去口感超丰富。

材料

土豆…………300 克	马苏里拉芝士 ·50 克	黑胡椒粉………3 克
手抓饼…………2 张	番茄酱…………15 克	干欧芹碎……… 少许
香肠……………2 根	蛋黄酱…………30 克	
芝士片…………1 片	盐 ………………3 克	

步骤

1. 土豆去皮蒸 15 分钟，加盐、黑胡椒粉和蛋黄酱压成泥。

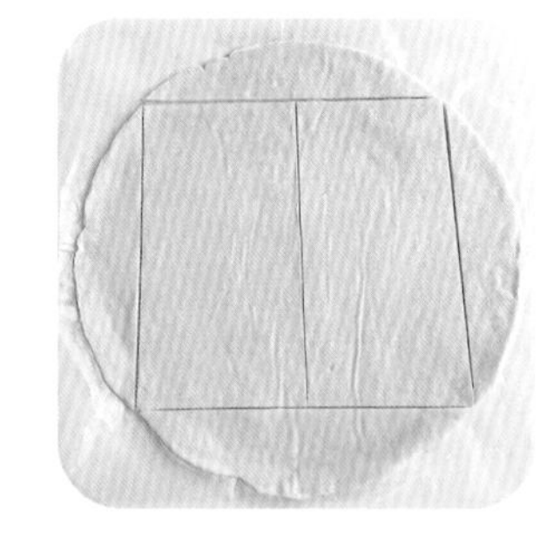

2. 将手抓饼按如图所示的样子切开。

3. 将两边向中间叠起来。

4. 中间放半片芝士片。

5. 在饼的边缘放上一半土豆泥混合物。

6. 在中间放上 1 根香肠。

7.

撒一圈马苏里拉芝士。

8.

表面挤上一半番茄酱和一半蛋黄酱。依上述方法再制作一个。

9.

放入烤箱中用180℃烤20分钟，取出，撒一些干欧芹碎即可。

朋友圈指南

如何摆盘?

烤好的“面包”顶部酱料的颜色会变淡，为了好看也可以再挤一遍酱料（分量外），这样颜色看着更饱和一些。表面简单地撒一些干的欧芹碎就可以了。

两个酥皮“面包”要并列放在盘子中，需选择一个宽一些的餐盘。椭圆形的盘子会比圆形的盘子更合适一些。餐盘和刀叉的颜色相呼应，都选择了银色系的。

香辣孜然牛肉饼

My Favorite Song—Skyler Stonestreet

《我最喜欢的歌》——斯凯勒·斯通斯特里特

每一口都香辣过瘾，酥脆掉渣。

朋友圈指南

如何摆盘?

为了看起来不那么单调，就用草莓和欧芹叶简单装饰了一下，画面一下子就饱满了很多。

如何选餐具

今天的主角是牛肉饼，只需要一个没有边的平盘和一张油纸即可，可以完美地突出食物本身。